CATÉCHISME

DE

L'AGRICULTEUR PROVENÇAL

PAR M. GUILLON,

PROPRIÉTAIRE ET ANCIEN MAIRE.

DEUXIÈME ÉDITION.

DRAGUIGNAN,

IMPRIMERIE DE P. GIMBERT, PLACE DU ROSAIRE.

1863.

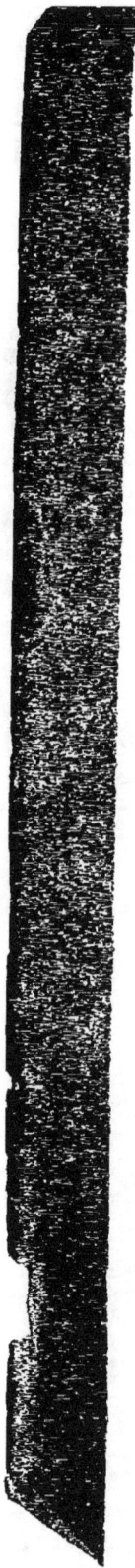

CATÉCHISME

DE

L'AGRICULTEUR PROVENÇAL

CATÉCHISME

DE

L'AGRICULTEUR PROVENÇAL

PAR M. GUILLON,

PROPRIÉTAIRE ET ANCIEN MAIRE.

DEUXIÈME ÉDITION.

DRAGUIGNAN,

IMPRIMERIE DE P. GIMBERT, PLACE DU ROSAIRE.

1863.

INTRODUCTION.

—

Le Catéchisme de l'agriculteur provençal ne contenant, comme il est facile de s'en convaincre, que des notions élémentaires et sommaires, exige de nombreuses explications de la part du professeur, qui doit développer avec clarté et avec précision, toutes les questions d'agriculture qui n'y sont que brièvement désignées.

Dans ces explications, il aura surtout le soin de se mettre à la portée de ses jeunes élèves ; de stimuler leur mémoire et leur intelligence par des faits simples et concluants, de frapper leurs sens par des citations matérielles, palpables, et surtout attrayantes.

Parlant à des fils d'agriculteurs, qui pour la

plupart le seront aussi un jour , il ne négligera rien pour leur inculquer les principes d'une agriculture rationnelle, saine, dégagée de toute routine et de préjugés absurdes.

Il ne doit leur parler qu'avec circonspection de ces découvertes, de ces essais étonnants qui doivent infailliblement changer la face de la terre et de l'agriculture, et ne changent souvent, hélas ! que la face du papier.

Cela faisant, il remplira consciencieusement et avec intelligence, sa mission ; il formera une vraie pépinière de jeunes agriculteurs qui s'attacheront franchement au sol.

Par ce concours actif et dévoué, il portera un coup terrible à cette manie désespérante qui pousse l'ouvrier des champs à quitter ses instruments aratoires pour les outils de l'artisan, et à abandonner ainsi le certain pour l'incertain, le vrai pour le faux, et presque toujours une aisance honnête pour l'oisiveté et la misère, sœurs bien hideuses , mais fatalement inséparables.

Heureux , pour mon compte, si pour ces notions élémentaires, j'ai fourni la moindre arme
contre ce funeste penchant ! Heureux surtout si
j'ai la certitude d'avoir apporté ma modeste
pierre à la construction de l'édifice d'une bonne
agriculture , qui est encore malheureusement
bien en retard dans notre Provence.

Luc, le 18 octobre 1862.

GUILLON.

CATÉCHISME

de

L'AGRICULTEUR PROVENÇAL.

D. Qu'est-ce que l'agriculture ?

R. C'est la culture des champs.

D. A-t-on toujours cultivé les champs ?

R. Oui ; depuis un temps immémorial on cultive les champs.

D. Qu'obtient-on par cette culture ?

R. On obtient d'abord les principales choses nécessaires à la nourriture, et ensuite on donne la vie à l'industrie en lui fournissant les matières premières.

D. La profession de cultivateur n'est-elle pas humiliante ?

R. Non ; nos premiers pères ont été cultivateurs ; les rois et les chefs de tribus, dans l'antiquité étaient cultivateurs ; les consuls romains maniaient le timon de la charrue, et, à notre époque, des personnages d'une haute origine, riches par leurs talents et par leur fortune, tiennent à grand honneur de prendre rang parmi les cultivateurs.

D. On ne doit pas alors rougir d'exercer cette profession ?

R. Non-seulement on ne doit pas rougir, mais on doit être fier de l'exercer.

D. Doit-on quitter l'agriculture pour l'industrie ?

R. Non ; l'agriculture offre un travail assuré et sans chômage, des produits presque toujours certains ; en un mot, c'est aussi une industrie honorable, paisible, sans crainte de revers terribles et ruineux.

D. Vous voulez donc devenir cultivateur ?

R. Oui ; mon père est un honnête cultivateur, et je veux le devenir aussi pour augmenter, par mon intelligence et mon travail, l'aisance de ma famille, et pour venir en aide à mes parents, ou à tout autre, dès que mes bras seront assez forts et assez robustes pour cela faire.

Le Sol.

D. Qu'est-ce que le sol ?

R. Le sol est ce qui nourrit tous les arbres, toutes

les plantes qui donnent un produit, soit à l'industrie, soit à la consommation domestique.

D. Qu'exige le sol pour être productif ?

R. Il exige un défoncement profond et souvent répété soit à la charrue, soit à la pioche.

D. A quelle époque doit-on faire les labours ?

R. Le premier doit se faire en mars, le deuxième en mai, le troisième à la fin juillet et au commencement d'août.

D. A quelle époque doit-on préparer le terrain pour le jardinage d'une partie de l'été ?

R. En décembre, soit à la pioche, soit à la charrue.

Le Blé.

D. A quelle époque doit-on semer le blé ?

R. Dès les premiers jours d'octobre on doit semer.

D. Doit-on s'occuper d'autres travaux agricoles à cette époque ?

R. Non ; on doit quitter tous les autres travaux et ne s'occuper que des semailles.

D. Y a-t-il avantage à semer ainsi à bonne heure ?

R. Oui ; il y a un grand avantage.

D. Dites pourquoi ?

R. Le blé semé ainsi, germe plus tôt, craint

moins l'eau et le froid, et arrive à sa maturité ayant eu tout le temps pour bien se nourrir.

D. Quel est le proverbe provençal à ce sujet ?

R. *Qu premeiro, garbeiro* : Qui sème premier a beaucoup de gerbiers.

D. Qu'arrive-t-il au blé semé en fin novembre ou en décembre ?

R. Ce blé craint l'eau et le froid ; la chaleur ensuite le dessèche rapidement, et il ne donne souvent ainsi qu'un produit presque nul.

D. Comment se sème le blé ?

R. Il se sème, règle générale, à la volée.

D. Comment faut-il le semer à la volée ?

R. Il faut avoir le soin de le jeter à quatre mètres devant soi, d'une manière bien égale en le laissant échapper des cinq doigts de la main ouverts à la fois.

D. Un hectare de terrain léger et sablonneux, combien exige-t-il de semence ?

R. Un hectare d'un terrain léger et sablonneux exige environ 112 litres de semence.

D. Et un terrain compacte, argileux et humide ?

R. Un terrain de cette nature en exige 190 et 200, et quelquefois on est même obligé d'en jeter encore sur le guéret.

D. Et un hectare ?

R. Un hectare exige, terme moyen, 150 litres.

D. Comment se divise un champ à ensemencer ?

R. En soques de 2 mètres 50, en sillons de 5 mètres, en versannes de 6 mètres, et en filagnes qui varient de 5 à 8 mètres de largeur.

D. Doit-on enfouir le blé profondément ?

R. Non ; le blé ne doit être enfoui qu'à 4 ou 6 centimètres de profondeur.

D. Veuillez dire pourquoi ?

R. Parce que ses racines ne tendent pas à monter sur le sol, mais bien à y pénétrer.

D. Doit-on employer la charrue à deux colliers où à un seul pour semer.

R. On doit de préférence employer la charrue à un collier.

D. Il y a alors avantage à semer ainsi les blés ?

R. Oui.

D. Faites-moi connaître ces avantages.

R. Ces avantages les voici : 1° On fait deux charrues au lieu d'une ;

2° Le sol que foule le cheval est de nouveau soulevé par le soc ;

3° Le blé n'est enfoui qu'à 4 ou 6 centimètres ;

4° On passe davantage dans le sillon.

D. Doit-on se servir pour égaliser le terrain de la herse ou du billot ?

R. On doit se servir de la herse de préférence.

D. Quel avantage offre la herse sur le billot ?

R. La herse égalise mieux le terrain, ne le tasse pas, et enfouit les quelques grains qui sont encore sur la surface.

D. Que sème-t-on, règle générale, par charrue ou araire ?

R. On sème de 45 à 50 litres de blé par jour et par charrue.

D. Quand doit-on sarcler les blés ?

R. En février et en mars ; quand ils ne sont pas trop mélangés avec les mauvaises herbes, il vaut mieux attendre le mois d'avril, et on arrache les herbes qui s'utilisent comme fourrage.

D. Faut-il couper les blés à complète maturité ;

R. Non.

D. Pourquoi ne doit-on pas les couper à complète maturité ?

R. Coupés ainsi, ils s'égrainent ; souvent ils sont surpris ou brulés par le soleil, et le grain n'est ni aussi gros ni aussi nourri ; ils obligent, pour les couper, d'employer, à bref délai, une masse de bras, au moment où les bras manquent.

D. Quant doit-en couper le blé ?

R. Dès qu'il commence à prendre une couleur jaune.

D. Comment doit-on ranger les gerbes.

R. On doit les mettre en petits gerbiers de 150 à 200 gerbes.

D. Pourquoi les mettez-vous ainsi ?

R. La sève que conserve la tige, la chaleur qui pénètre dans ces gerbiers mûrissent le blé, et le grain reste gros et bien nourri.

D. Quel système doit-on employer pour fouler les gerbes.

R. On doit se servir des pieds des chevaux.

D. Que foulent de gerbes, régle générale, deux chevaux ?

·R. Ils foulent de 12 à 1,400 kilog. de paille, et de 1,000 à 1,100 litres de blé.

D. Doit-on réduire la paille presque à l'état de poussière ?

R. Non ; parce que les nœuds qui contiennent le principal suc nutritif ainsi broyés se dessèchent.

D. Un tarare ou ventilateur est-il nécessaire ?

R. Il est indispensable à tout propriétaire ayant une certaine quantité de blé.

D. Quel est le coût de ce tarare ?

R. Ce coût est de 120 à 125 francs.

D. Quel est le blé de semence que l'on doit choisir de préférence pour semer ?

R. On doit choisir le blé le plus propre, le mieux nourri et à grains bien égaux.

D. Doit-on s'enquérir du terrain qui l'a nourri ?

R. Nullement.

D. Quelles sont les meilleures qualités de blé ?

R. Ce sont la tuzelle blanche, la rouge, la bladette, le blé de l'Amalgue et la richelle.

D. Quel est le rendement, en général, des blés en Provence ?

R. Le rendement ne dépasse pas le 6 pour 1.

D. Comment connaît-on la bonne qualité des blés ?

R. A leur poids.

D. Quels sont les plus lourds ?

R. Ce sont la richelle, la tuzelle rouge.

D. Que faut-il avoir pour pouvoir espérer une bonne récolte en blé ?

R. Il faut 1° avoir donné trois coups de charrue au terrain ;

2° Semer dans les premiers jours d'octobre ;

3° Ne pas trop enfouir le blé et le semer d'une manière bien égale ;

4° Le dégager des mauvaises herbes ;

5° Ne pas le couper trop mûr.

L'avoine.

D. Quels travaux exige l'avoine ?

R. L'avoine exige moins de labour que le blé, et on la sème souvent en retour sur le chaume.

D. Dans quel terrain doit-on la semer de préférence ?

R. Dans les terrains gras, et dans ceux où le blé verse.

D. A quelle époque faut-il la semer ?

R. Dans la dernière quinzaine de septembre.

D. Doit-on la couper à complète maturité ?

R. Non ; comme le blé, elle ne doit pas être coupée à maturité complète.

D. Doit-on la mettre en gerbiers dès qu'elle est coupée ?

R. Oui ; il faut la mettre en gerbiers, que l'on doit avoir le soin d'élargir huit ou dix jours après.

D. Pourquoi ?

R. Parce qu'elle finit de mûrir, augmente de poids, et prend une couleur grise qu'aiment les acheteurs.

D. Quel est le rendement de l'avoine, en général?

R. Le 10 pour 1.

Le Seigle.

D. Dans quel terrain sème-t-on le seigle ?

R. Dans les terrains les plus maigres, et qui sou-
ne peuvent nourrir ni le blé ni l'avoine.

D. Quand doit-on le semer ?

R. Dans la dernière quinzaine de septembre.

L'Orge et l'Epeuctre.

D. L'orge et l'épeuctre exigent-elles un bon terrain ?

R. Oui ; elles ne réussissent que sur un terrain
bien fumé.

D. Quand les sème-t-on ?

R. En septembre ou en février, mais elles réussissent toujours mieux semées en premier lieu.

Les Fèves.

D. Comment sème-t-on les fèves ?

R. Sur le chaume, à la petite charrue.

D. Cette plante fatigue-t-elle le terrain ?

R. Non ; au contraire, elle le fume légèrement.

D. A quelle époque doit-on les semer ?

R. En octobre et en novembre.

D. Pourquoi les sème-t-on à ces deux époques ?

R. Parce que quelquefois les premières sont
brûlées par le froid, et les dernières semées résis-
tent mieux.

D. Doit-on cueillir les fèves à la main ?

R. Non ; on doit les arracher ou les faucher, et les faire fouler ensuite par les chevaux.

Ers, lentilles, garoutes, jaisses.

D. Dans quels terrains sème-t-on ces farineux ou légumineux ?

R. Dans les mauvais terrains.

D. A quelle époque les sème-t-on ?

R. En septembre, à l'exception des jaisses qui se sèment en février.

D. Cette semaille donne-t-elle quelque produit avantageux ?

R. Non ; ce sont en général des lambeaux de récolte.

D. Que doit faire un agriculteur de ces terrains-là ?

R. Il doit les planter immédiatement de vignes, à couloirs étroits, et les labourer sans les semer.

Le Pasquié.

D. Qu'est-ce que le pasquié ?

R. Le pasquié est un fourrage annuel, composé d'avoine, de pezote ou de cirol.

D. Comment, et à quelle époque doit-on faire le pasquié ?

R. On doit bien fumer le terrain, et semer le pasquié dans la dernière quinzaine de septembre.

D. Doit-on choisir le terrain le plus gras pour l'ensemencement du pasquié.

R. Non ; on doit choisir un terrain de qualité médiocre.

D. Pourquoi ?

R. Parce que l'on fume et l'on amende ce terrain, et le pasquié est de meilleure qualité.

D. Quant doit-on le faucher ?

R. On doit le faucher à demi-grain, c'est-à-dire, un peu avant sa maturité.

La Pezote.

D. Est-elle difficile à venir, et quelle est son utilité comme fourrage ?

R. La pezote vient facilement, et donne un fourrage abondant et d'excellente qualité.

D. Fatigue-t-elle le terrain qui la nourrit ?

R. Au contraire, plus que la fève, elle fume ce terrain.

D. Comment la sème-t-on ?

R. Dans la dernière quinzaine de septembre, à la petite charrue et sur le chaume.

D. Quels sont les terrains qui lui conviennent le mieux ?

R. Elle vient partout, excepté dans les terrains humides.

D. Comment doit-on la semer ?

R. On doit la semer légèrement mélangée avec l'avoine. Cette dernière plante fait l'office de tuteur, soutient ses nombreuses tiges, et l'empêche de pourrir.

D. Doit-on semer tous les deux ans le même terrain en pezotes ?

R. Non ; il faut rester au moins quatre ans.

D. Quand et comment la coupe-t-on ?

R. Il faut la couper avec la faux lorsqu'elle est à mi-grain.

D. Et que faut-il faire au terrain dès qu'on l'a coupée ?

R. Il faut s'empresser de le labourer immédiatement pour enfouir la couche de feuilles qui recouvre le sol.

Le Percet ou Sainfoin.

D. Qu'est-ce que le percet ou sainfoin ?

R. Le percet ou sainfoin est une plante four-
ragère trisannuelle.

D. Dans quel terrain vient-il de préférence ?

R. Il vient partout comme la pezote, principalement dans les terrains légers et sablonneux, et à
l'exception des terrains humides.

D. Quand et comment le sème-t-on ?

R. On le sème en même temps que le blé, sur le
guéret de ce blé, et on l'enfouit à la herse.

D. Faut-il le semer très dru ?

R. Oui ; il faut deux fois autant de semence que
pour le blé, c'est-à-dire, que là où l'on sème 100
litres de blé, il faut 200 litres de percet.

D. Quand doit-on le faucher ?

R. Dès que le bas de sa fleur tombe, et commence à former la graine.

D. Faut-il le tourner souvent pour le faire sécher ?

R. Il ne faut pas le tourner, si faire se peut, ou
ne le tourner qu'une seule fois, pour conserver autant que possible ses feuilles.

D. Faites connaître les avantages qu'offre le
percet ?

R. Il donne un fourrage de bonne qualité, il
fume le terrain, et il est d'un grand secours pendant
l'hiver aux brebis qui mangent ses regains.

D. A quelle époque doit-on interdire l'entrée des troupeaux dans le percet ?

R. Le 2 février.

Les Prairies arrosables.

D. Combien distingue-t-on de prairies arrosables?

R. Il y a deux sortes de prairies arrosables, les prairies naturelles et les prairies artificielles.

D. Qu'entendez-vous par prairies naturelles ?

R. Les prairies naturelles sont celles qui datent d'un temps immémorial, et qui continuent toujours à rester de la même nature.

D. Où rencontre-t-on en général ces prairies ?

R. Elles se trouvent presque toujours aux alentours des villes ou des villages.

D. Peut-on faire de grandes améliorations à ces terrains-là ?

R. On ne peut guère qu'entretenir en bon état ces terrains privilégiés.

D. Que faut-il faire pour les entretenir dans cet état ?

R. Il faut les fumer avec du terreau, ou tout autre engrais, tous les quatre ans, y tenir constamment les eaux grasses qui viennent du centre de la population, entretenir en bon état les rigoles et les fossés d'arrosage.

D. Combien de fois fauche-t-on ces prairies?

R. Ces prairies se fauchent trois fois.

D. A quelle époque les fauche-t-on?

R. A la fin mai, à la fin juillet, et dans le courant de septembre.

D. Comment établit-on une prairie artificielle?

R. Pour établir une prairie artificielle, il faut choisir un terrain plat, ayant cependant une pente légère pour l'écoulement des eaux, le défoncer ou à la pioche ou à la grande charrue, et le fumer largement.

D. Combien d'engrais exige, règle générale, un hectare de terrain que l'on veut convertir en prairie?

R. Un hectare exige 1200 kilog. d'engrais, ou vieux système, mille charges; un demi hectare en exige la moitié moins, ainsi de suite.

D. Quelles sont les plantes fourragères que l'on jette sur ces terrains-là?

R. Ce sont la fromentane, le trèfle et la luzerne.

D. Doit-on faire des planches avec leurs ados quand on fait une prairie?

R. Oui; parce que ces planches facilitent extraordinairement l'arrosage, et elles doivent être, quant à leur largeur, proportionnées au volume d'eau que l'on a à sa disposition.

D. Dans les terrains maigres au sous-sol ingrat, quelle précaution doit-on prendre pour faire réussir une prairie ?

R. Il faut bien les fumer et les défoncer en février, les ensemencer de melons, de pommes de terre, etc., et au mois de septembre les fumer de nouveau, et semer ensuite les graines fourragères.

D. Faut-il jeter de l'avoine dans une prairie que l'on établit ?

R. Jamais. L'avoine dévore toutes les plantes qui l'entourent, et poursuit une mission destructive jusqu'à la deuxième coupe.

D. Combien fauche-t-on ces sortes de prairies ?

R. Ces prairies se fauchent quatre fois ; au commencement de mai, fin juin, dans le courant d'août et fin septembre.

D. Quels produits donnent-elles chaque fois, par hectare, règle générale.

R. Elles donnent 80 quintaux métriques de foin, ou 200 quintaux, vieux système.

D. Quelle est la durée de ces prairies ?

R. Elles durent de 4 à 8 ans, et il en est qui deviennent même prairies vieilles ou naturelles. On obtient ce résultat en les fumant.

D. Faut-il les arroser souvent ?

R. Tous les huit jours, et on doit avoir le soin de les arroser la veille du jour où on veut les faucher.

D. Quand on défriche une prairie, combien de temps peut-on l'ensemencer ?

R. Pendant quatre années consécutives elles donnent des récoltes abondantes en céréales, et sur le chaume on peut faire avec fruit des haricots blancs.

D. Comment établit-on une luzernière ?

R. De la même manière que les prairies ci-dessus ; elle exige un terrain plus profond à cause de sa racine pivotante.

D. Combien la fauche-t-on ?

R. Cinq fois ; fin avril, 15 juin, 15 juillet, 15 août, et fin septembre.

D. Veut-elle être arrosée souvent ?

R. Non ; elle exige un arrosage moins fréquent que les autres prairies, et souvent deux arrosages par coupe lui suffisent.

D. Doit-on tourner souvent la luzerne pour la faire sécher ?

R. Oui ; à la première et à la dernière coupe, et elle doit sécher sur place à la 2ᵉ, 3ᵉ et 4ᵉ.

D. Pourquoi ?

R. Parce qu'elle conserve ainsi toutes ses feuilles, et une belle couleur verte.

D. Comment sème-t-on le trèfle ?

R. On sème le trèfle sur le guéret avec le blé, ou en mars en sarclant ce blé.

D. Le trèfle exige-t-il les mêmes frais de culture que la luzerne ?

R. Non ; on le fait même sans engrais, il donne encore un fourrage sain et abondant, et fume le terrain.

D. Quelle est la durée du trèfle ?

R. Sa durée n'est guère que de deux ans.

D. Doit-on laisser des veillades ou jachères pour fourrage ?

R. Non ; c'est d'une très mauvaise agriculture.

D. Pourquoi ?

R. Ce fourrage n'est que le composé de toutes les mauvaises herbes, et en le laissant venir presque à maturité, vous les perpétuez dans votre champ.

La Vigne.

D. Doit-on planter la vigne ?

R. Oui ; on ne doit pas hésiter à la planter, et les vins dussent-ils être vendus à 6 fr. l'hectolitre, donnent encore un produit plus net et plus facile que le blé.

D. N'y a-t-il pas un proverbe provençal à ce sujet ?

R. Oui. *Qu jouiné planto, viei canto,* (qui plante jeune, chante étant vieux).

D. Quels sont les terrains qui conviennent à la vigne ?

R. Généralement tous les terrains de la Basse Provence.

D. Comment prend la vigne ?

R. Par provins et par bouture.

D. Y a-t-il divers procédés pour planter la vigne ?

R. On plante la vigne à fossé ouvert, au pousse-avant, à la grande charrue ou à la charrue Bonnet et au sol défoncé en plein.

D. Expliquez-nous comment on plante à fossé ouvert ?

R. Deux lignes parallèles sont tirées avec l'araire à un mètre de distance l'une de l'autre, un homme défonce à la pioche le terrain compris entre ces lignes ou raies, à 50 cent. de profondeur, plaçant la première couche d'un côté et la deuxième de l'autre côté, et forme ainsi l'encaissement de la vigne.

D. A quelle époque doit se faire ce travail ?

R. En janvier, pour que les froids ameublissent le terrain, et en mars on fait rejeter la terre soulevée dans le fossé, en ayant soin de mettre au fond la première couche et la deuxième à la surface.

D. Dans quel terrain doit-on employer ce procédé ?

R. Dans les terrains compactes et argileux.

D. Quel est le plant qui convient le mieux à ces terrains ?

R. C'est le *Morvède*.

D. Parlez-nous du pousse-avant ?

R. Deux lignes étant aussi tirées parrallèlement, un homme défonce à la pioche à 50 cent. de profondeur le terrain, et rejette derrière lui la terre qu'il soulève, en ayant soin de mettre la première couche au fond et la deuxième également à la surface.

D. Quels sont les terrains qui doivent être ainsi plantés ?

R. Ce sont les terrains légers et sablonneux.

D. Quels plants doit-on mettre dans ces terrains ?

R. L'*Uni*, le *Languedocien*, la *Clairette* et le *Pécouit touart*.

D. Parlez-nous de la plantation à la grande charrue ?

R. On place, aux deux extrémités du champ que l'on veut planter, deux jalons distancés de 1 m. 50 c. On en place deux autres au milieu en ligne droite. On attèle six chevaux à la grande charrue qui passent cinq fois pour défoncer ce terrain.

D. A quelle profondeur arrive-t-on ?

R. Les deux premières raies à 30 ou 35 cent. ; les deux autres à 40 cent. et la dernière à 50 cent.

D. Peut-on planter sur un terrain ainsi défoncé ?

R. Oui ; mais on a encore le soin de faire suivre par un homme la raie qui reste ouverte, et partout où la charrue n'a pas fonctionné d'une manière régulière, il y remédie avec la pioche.

D. Comment place-t-on ensuite le plant ?

R. On fait tirer un cordeau, et on cheville les plants à 75 cent. les uns des autres, et puis une charrue à deux colliers repasse de chaque côté, rejetant la terre contre le plant et le chausse. Un homme avec une large pioche dite *eissade* donne le dernier coup de main à ce travail.

D. Quel est le meilleur système de plantation ?

R. C'est la plantation à fossé ouvert, mais il est plus coûteux.

D. Quel est le moins coûteux ?

R. C'est la plantation à la grande charrue.

D. Faites-nous connaître le revient de chaque plant placé en terre suivant les divers procédés ?

R. A fossé ouvert il revient, terme moyen, à 12 c.

Au pousse-avant — 5 c.

A la grande charrue — 2 c.

D. Quelle est l'époque la plus favorable pour planter la vigne ?

R. Dans les terrains secs et rocailleux on doit planter depuis le mois de décembre jusqu'en mars.

Dans les terrains humides tout le mois de mars et une partie du mois d'avril.

D. Combien de personnes faut-il pour cheviller les plants ?

R. Deux hommes et une femme.

D. Quelle quantité peuvent-ils en cheviller dans un jour ?

R. Ils peuvent en cheviller jusqu'à 2,500 par jour.

Taille de la Vigne.

D. A quelle époque peut-on commencer à tailler la vigne ?

R. On peut tailler la vigne dès le commencement de décembre jusqu'à la mi-mars.

D. Quels sont les outils dont on se sert pour cette taille ?

R. Ce sont les ciseaux à deux mains et la serpe ; mais les ciseaux sont préférables.

D. Expliquez-nous cette préférence ?

R. Avec les ciseaux on fait plus de travail et on le fait mieux ; on n'emporte et on ne fend jamais le cep, on enlève plus facilement le gros bois et surtout le bois mort.

D. Doit-on tailler la première année de la plantation ?

R. Oui ; parce que les tiges qu'elle a jeté, la fatiguent et même l'épuisent.

D. Quelle forme doit-on donner à la vigne quand on la taille ?

D. On doit, autant que possible, la laisser sur trois têtes et lui faire former un triangle, vulgairement appelé *lou pè de sello*.

D. Faut-il strictement laisser à chaque souche trois têtes ?

R. Non ; on doit laisser ces têtes proportionnellement à la vigueur de la souche.

D. Et alors ?

R. Vous laisserez des souches ayant quatre et même cinq têtes, et d'autres n'en auront quelquefois que deux.

D. N'y a-t-il pas des espèces de vigne que l'on doit tailler plus tard ?

R. Oui ; ce sont les vignes hâtives telles que l'*Uni* et le *Languedocien*.

D. A quelle époque faut-il donc les tailler ?

R. En mars, autant que faire se peut.

Piochage de la Vigne.

D. Quelle opération fait-on à la charrue avant de piocher la vigne ?

R. On attèle deux chevaux l'un devant l'autre, à la charrue ; on passe de chaque côté de la vigne et on ne laisse qu'un coup de pioche pour l'homme qui doit faire le piochage.

D. Comment s'appelle cette opération ?

R. Déchausser les vignes.

D. Et quel est le résultat de cette opération ?

R. Cette opération économise les 2/3 de la dépense.

D. Un homme à la tâche parvient alors à piocher une quantité de souches ?

R. Oui ; il peut en piocher jusqu'à 1,500 ; règle générale il en pioche 1,000.

D. Que doit faire l'homme qui pioche la vigne ?

R. Il doit chausser la vigne, en égalisant le terrain, couper les racines, appelées *barbes*, et les tiges gourmandes qui viennent du bas de la vigne.

D. A quelle époque doit-on piocher les vignes ?

R. A partir de la deuxième quinzaine de janvier jusqu'à la fin mars.

D. Quand doit-on les biner ou piocher une deuxième fois ?

R. On doit les biner ou *menca* à partir du 15 mai, jusqu'au 15 juin.

D. Ce binage est-il nécessaire à une vigne jeune ?

R. Il est indispensable jusqu'à l'âge de 4 ans.

D. A quelle époque doit-on labourer les vignes ?

R. Dès le mois de décembre quand le temps le permet, on doit labourer les vignes.

D. Les labours sont-ils bien utiles à la vigne ?

R. Ils sont plus utiles à la vigne que le piochage.

D. Expliquez-vous ?

R. La deuxième année de la plantation, les racines de la souche quittent le banc et tracent dans le sillon ; les labours alors donnent la nourriture et la fraîcheur à ses racines.

D. Doit-on semer les couloirs de la vigne en plein ?

R. C'est d'une très mauvaise agriculture ; on ne doit les semer qu'un autre non.

Vendange.

D. A quelle époque vendange-t-on, en Provence ?

R. Les vendanges commencent en Provence dès le courant de septembre et finissent dans les premiers jours d'octobre.

D. Par qui sont faites les vendanges, et combien cueille-t-on de raisins par personne ?

R. Les vendanges sont faites par des femmes, et elles coupent, règle générale, 400 kilog. de raisins par femme.

D. Quand le raisin est cueilli qu'en fait-on ?

R. On le met dans des cornues, et on le transporte à la cuve. Après l'avoir écrasé sous les pieds, on le laisse fermenter huit jours dans cette cuve; ensuite on soutire le vin que l'on met dans des tonneaux.

D. Que produisent en vin 40 kilogrammes de raisins ?

R. 40 kilogrammes de raisins produisent de 29 à 30 litres de vin, c'est-à-dire, les 3/4 vin, et 1/4 résidu ou marc.

D. Et des marcs qu'en fait-on ?

R. Les marcs après qu'ils ont été soumis à la pression, se vendent aux distillateurs ou on en fait de la piquette ou *trempo.*

D. Un hectare de terrain, en supposant un carré

de 100 mètres par 100, planté à couloirs de 5 mètres et le plant mis à 75 centimètres, combien contient-il de couloirs et de plants de vigne ?

R. Il contient 21 filagnes et 2,700 plants.

D. Les plants de la vigne sont-ils bientôt en rapport.

R. A la troisième feuille, ils paient bien les frais de culture ; après ils donnent toujours un plus gros produit, et sont en plein rapport à l'âge de dix ans.

D. Quel sera le produit en vin de cet hectare ?

R. Une souche à cet âge, donnant un litre par pied, les 2,700 pieds donneront 27 hectolitres de vin.

D. Ces 27 hectolitres vendus à 10 fr. seulement, donneront en argent ?

R. Ils donneront 270 fr.

D. Un champ divisé par couloirs de 5 mètres, peut-il encore se semer ?

R. Parfaitement.

D. Que coûte de semence, un champ ensemencé ainsi ?

R. Un dixième de la semence.

L'Olivier.

D. L'olivier vient-il bien dans toute la Provence ?

R. Non ; il ne vient que dans la Basse-Provence.

D. Quel terrain et quelle exposition veut-il?

R. L'olivier aime généralement un terrain chaud, abrité et bien exposé au soleil.

D. Ne vient-il pas dans les plaines et même sur les coteaux exposés au nord ?

R. Il vient dans quelques plaines de la Basse Provence, et même sur des coteaux exposés au nord ; mais là son fruit donne en huile un rendement inférieur.

D. L'olivier prend-il par bouture et vient-il par semis ?

R. L'olivier prend par branches de sauvageon, et se cultive en pépinière ; par semis ce sont les plants provenant de ces pépinières que l'on doit choisir de préférence.

D. Pourquoi faut-il choisir ces plants ?

R. L'olivier est un des arbres qui ne croissent que lentement ; on doit avoir le soin en les plantant, de ne choisir que des sujets sains, vigoureux et à nombreuses racines, qualités que l'on trouve dans les plants desdites pépinières.

D. Y a-t-il de nombreuses espèces d'oliviers ?

R. Il y a de nombreuses espèces d'oliviers.

D. Faites-nous en connaître les principales ?

R. Il y a le plant d'Entrecasteaux, le plant de Figanières, le plant de Trans, le bécut, le ribier de Lorgues, et autres.

D. La taille et l'élagage aident-ils beaucoup à ces arbres ?

R. Autant et même plus que les labours et la pioche.

D. Faites-nous connaître le genre de taille qui convient au plant d'Entrecasteaux.

R. Le plant d'Entrecasteaux veut être fortement couronné tous les quatre et six ans au plus, et élagué tous les deux ans.

D. N'y a-t-il pas un proverbe relativement à cette taille ?

R. Oui ; on prétend qu'il dit à son propriétaire : Fais-moi pauvre, je te ferai riche. En d'autres termes, le plan d'Entrecasteaux ne porte ses fruits que sur bois jeune, et l'on obtient ce résultat par cette taille sévère.

D. Parlez-nous du ribier de Lorgues ?

R. Le ribier de Lorgues veut un terrain gras, et ne porte ses fruits que sur le bois vieux ; on ne doit le couronner qu'avec circconspection, et l'élaguer tous les quatre ans.

D. Dites-nous un mot de la taille des autres oliviers ?

R. Les autres oliviers exigent une taille qui se

rapproche des deux espèces ci-dessus, et tous veulent être élagués tous les quatre ans.

D. Quels sont les oliviers qui font la meilleure huile de bouche ?

R. Ce sont le plant d'Entrecasteaux et le bécut, et pour conserver longtemps le goût le ribier de Lorgues.

D. Comment obtient-on l'huile ?

R. En broyant la pâte, en la soumettant à l'action de l'eau bouillante et à la pression.

D. Comment obtient-on la bonne huile de bouche ?

R. En cueillant les olives des plants d'Entrecasteaux et des bécuts et les soumettant fraîches à la trituration et à la pression.

D. Quand faut-il labourer les oliviers ?

R. On doit labourer les oliviers en janvier, fin mars et courant juin, et jamais avec la grande chaleur ou la sécheresse.

D. Quand doit-on les piocher ?

R. En mars et en avril.

D. Quel est le produit de l'olive en huile ?

R. Le cinquième environ, et les 4[5 marcs ou grignons.

D. Que fait-on des marcs ?

R. On les soumet à un travail qui se fait dans les

rescences, et on en extrait encore une huile qui est indispensable à la savonnerie.

Le Mûrier.

D. A quoi servent les feuilles de mûrier ?

R. A nourrir les vers-à-soie.

D. Comment vient le mûrier ?

R. Par semis et en pépinière.

D. Dans quels terrains prospère le mûrier ?

R. Dans les terrains légers, sablonneux et gras en même temps.

D. Dans les terrains compactes et de grès dur ?

R. Dans les terrains compactes, il ne prospère que médiocrement et reste chétif et rabougri dans les terrains de grès dur.

D. Doit-on tailler le mûrier les premières années de sa plantation ?

R. Non ; il faut le laisser partir sur trois tiges que vous taillez trois ou quatre ans après à 20, 25 ou 30 cent. de longueur, suivant la force de l'arbre.

D. Cette taille offre-t-elle un avantage sur celle qui consiste à les tailler comme la vigne ?

R. Oui ; parce que vous avez des tiges-mères vigoureuses, saines et sans cicatrices.

D. Lorsque le mûrier est arrivé à certain âge, quelle taille faut-il lui donner ?

R. Il faut fortement le couronner et laisser se projeter ses branches horizontales pour lui faire atteindre la plus grande circonférence possible.

D. Quand un mûrier est chétif, à quelle époque faut-il le tailler ?

R. En février.

D. Et lorsqu'il est vigoureux ?

R. En mai, trois ou quatre jours après l'avoir effeuillé.

D. Quelle est la meilleure feuille du mûrier ?

R. C'est la feuille des sauvageons qui est la plus soyeuse, puis celle dite *pomette,* et enfin la grosse feuille ou d'Espagne qui est la moins bonne.

D. La feuille de mûrier n'est-elle pas aussi utilisée comme fourrage ?

R. Oui ; elle sert de fourrage mêlée avec la paille et elle excelle surtout à engraisser les bœufs.

Le Figuier.

D. Quel est le terrain qui convient au figuier ?

R. Le figuier aime un terrain chaud et bien exposé au soleil, et principalement les coteaux.

D. Il ne vient pas alors dans la plaine ou dans des terrains gras ?

R. Au contraire, il est trop vigoureux dans ces

terrains, et ne donne ses fruits qu'à la fin septembre, précisément à l'époque des pluies.

D. Comment se plante le figuier ?

R. Par bouture.

D. Faites-nous connaître la manière de le planter ?

R. On creuse un trou de 1 mètre de largeur et de 50 cent. de profondeur ; on coupe une branche de figuier ayant trois tiges, deux horizontales et une verticale ; on enfouit les deux tiges horizontales à 35 cent. environ, et on laisse paraître le jet vertical sur la surface du sol, avec 2 yeux sans le couper.

D. Quelles sont les meilleures qualités de figues ?

R. Ce sont : la moissonne, la marseillaise, l'aubique blanche, la finette et la bellonne.

L'Amandier.

D. Dans quel terrain vient l'amandier ?

R. L'amandier est un arbre très agreste, il vient dans tous les terrains et même au milieu des rocs.

D. Comment l'obtient-on ?

R. Par semis.

D. Dans quelle partie de la Provence le cultive-t-on en grand ?

R. Dans la Haute Provence.

D. Donne-t-il dans cette contrée des produits sa-
tisfaisants ?

R. Oui ; il rivalise comme produit avec l'olivier
de la Basse Provence.

D. Ne craint-il pas le froid, et n'y a-t-il pas un
moyen d'en garantir ses fruits.

R. Oui ; pendant l'hiver on doit déterrer une partie de ses racines mères, et l'action du froid arrête
alors la sève, et garantit le fruit des gelées de février et de mars.

D. Quelles sont les qualités d'amandes les plus
recherchées ?

R. Ce sont les amandes pistaches et les amandes
tendres.

D. Quels débouchés ont les amandes ?

R. Elles se vendent généralement aux confiseurs
et surtout aux nougatiers.

Le Noyer.

D. Dans quel terrain vient le noyer ?

R. Le noyer est aussi très agreste, il vient dans
tous les terrains ; seulement il préfère un sol léger
et gras ; il atteint alors des proportions colossales,
et on l'obtient par semis.

D. Donne-t-il beaucoup de fruits dans la Basse Provence ?

R. Non ; ses fruits, à cause des chaleurs et de la sécheresse sont souvent tarés et vermineux.

D. Réussit-il dans la Haute-Provence ?

R. Oui ; là il donne une récolte abondante, ses fruits sont sains et de bonne qualité.

D. N'extrait-on pas l'huile des noix ?

R. Dans les départements des Hautes et Basses-Alpes, on extrait l'huile des noix ; une faible partie de cette huile sert à la consommation, et l'autre partie est vendue à l'industrie.

Le Poirier sauvage.

D. Comment vient le poirier sauvage ?

R. Le poirier sauvage vient naturellement, et surtout dans les terrains calcaires ou de grès.

D. Que doit-on faire pour l'utiliser ?

R. On doit le greffer aussitôt que possible, en février et à la fente ; on a ainsi après trois ou quatre ans de beaux arbres fruitiers.

D. Quelles sont les meilleures poires que l'on puisse greffer ?

R. A cause des vents on ne peut guère greffer que des poires d'été, et les meilleures sont la poire d'Hermite (hâtive), la Cramoisine, la Dorade, la Rougette, la Brute-Bonne et la Beurrée-Blanche d'été.

Le Châtaignier.

D. Dans quelle contrée vient le châtaignier ?

R. Le Châtaignier vient dans la Basse-Provence depuis Pignans jusqu'à Fréjus, et seulement sur les collines des Maures qui bordent le littoral de la Méditerranée.

D. Est-ce un arbre productif ?

R. Le châtaignier est l'arbre le plus productif de tous les arbres à fruit ; il donne presque toujours une bonne récolte, sans exiger aucun travail.

D. Que fait-on des châtaigniers qui ne portent pas de fruits ?

R. On les coupe et on en vend le bois aux tonneliers à des prix très élevés.

D. Et une fois coupé le châtaignier disparaît-il ?

R. Non ; il repousse sur plusieurs tiges, et après un certain temps il se coupe de nouveau et se vend encore aux tonneliers.

D. Ne fait-on pas diverses qualités de châtaignes avant de les livrer à la vente ?

R. Oui ; on en fait trois qualités : les passe-belles, les marchandes et les petites.

D. Quelles sont les meilleures châtaignes ou marrons ?

R. Ce sont les marrons des Mayons (section du
Luc.)

Le Chêne à liége.

D. Parlez-nous du chêne à liége ?

R. Le chêne à liége vient naturellement sur les
collines des Maures et sur tout le littoral de la Méditerranée.

D. Cet arbre donne-t-il un produit élevé ?

R. C'est l'arbre le plus productif de tous les arbres, il donne toujours et ne reçoit jamais rien.

D. Comment obtient-on son produit ?

R. En le déshabillant complètement, c'est-à-
dire, en lui enlevant son écorce.

D. Ne faut-il pas lui enlever une première fois
cette écorce pour que l'autre puisse être utilisée.

R. Oui ; on lui enlève l'écorce, qui est impro-
ductive la première fois ; cette opération s'appelle le
démasclage.

D. Que fait-on de l'écorce productive ?

R. On la vend au commerce, et on en fait les bou-
chons.

D. Que doit-on faire quand les chênes à liége sont
mêlés avec les pins ?

R. On doit sans hésiter faire couper tous les pins et donner à défricher le terrain.

D. Quel avantage en résulterait-il ?

R. Il en résulte que là où croissait lentement un pin, dix chênes à liége le remplacent, et vous changez aussi la nature de votre forêt qui devient bien autrement productive.

D. N'y a-t-il pas encore un autre avantage ?

R. Oui ; vous vous garantissez aussi de ces incendies terribles, qui dans une heure quelquefois ruinent le plus riche propriétaire.

Le Chêne vert.

D. Dans quel terrain vient le chêne vert ?

R. Il vient dans le grès et dans le calcaire ; mais il donne de meilleur produit dans ce dernier terrain.

D. Comment vient-il ?

R. Règle générale, il vient naturellement ; on peut cependant l'obtenir par semis de glands.

D. Donne-t-il un produit élevé ?

R. C'est encore un des arbres le plus productif ; son produit arrive sans culture et sans frais.

D. Comment obtient-on le produit ?

R. On le met en coupe réglée, et tous les 16 ou 18 ans on le coupe.

D. Quelle est la valeur d'un hectare de chênes verts ?

R. Le produit d'un hectare varie de 300 à 500 f., suivant que le bois est plus ou moins touffu, vigoureux, et les charrois aussi plus ou moins faciles.

D. Que fait-on du bois et de l'écorce ?

R. L'écorce se vend à un bon prix aux tanneurs, et le bois est converti en charbon ; on en extrait aussi le vinaigre ou il sert de bois de chauffage.

D. Ne donne-t-il pas aussi d'une coupe à l'autre encore un produit ?

R. Oui ; il donne des glands qui servent à la nourriture des troupeaux de brebis et à engraisser les porcs.

D. Cet arbre ne meurt-il pas quand on le coupe ?

R. Non ; il a comme l'hydre de la mythologie : quand on lui coupe une tête il en repousse dix autres.

Les Chênes blancs.

D. Dites-nous un mot des chênes blancs ?

R. Le chêne blanc vient généralement dans toute la Provence. Il est le plus vorace et le plus improductif des chênes.

D. Que fait-on de son bois ?

R. Il sert à la construction des navires et on en fait des traverses pour le chemin de fer.

Le Pin.

D. Parlez-nous du pin ?

R. Il y a trois espèces de pin en Provence : le pin pignon, le pin commun, qui viennent sur les collines des Maures et sur le littoral, et le pin d'Alep ou blanc qui vient dans le calcaire.

D. A quel usage servent ces pins ?

R. Le pin pignon ne peut servir que pour poutres, et du pin commun on en tire des poutres, du bois de menuiserie et de bâtisse, et ainsi que du pin d'alep qui est cependant moins bon que le pin commun.

D. Quand doit-on couper ces pins ?

R. En hiver, par un temps sec et froid, ou par un mistral violent.

D. Et vous ne regardez pas à la lune ?

R. Non ; elle n'a aucune influence sur le bois, c'est un vrai préjugé.

Le Peuplier.

D. Qu'est-ce que le peuplier ?

R. Le peuplier est un arbre de haute futaie qui vient par bouture le long des rivières et dans les terrains humides.

D. A quoi sert le bois de peuplier ?

R A faire des poutres qui sont les meilleures, les planchers des charrettes èt les caisses des tombereaux.

Le Frêne et l'Ormeau.

D. Dites un mot sur le frêne et l'ormeau ?

R. Ce sont deux arbres de haute futaie qui viennent naturellement aux bords des rivières, ou dans les terrains humides.

D. A quoi sert leur bois ?

R. Il est vendu aux charrons qui le paient à un prix très élevé.

L'Ozier.

D. Qu'est-ce que l'ozier ?

R. L'ozier est un arbre qui n'atteint pas une grande hauteur à cause de la taille annuelle qu'on lui imprime ; il vient par bouture et aux bords des fossés et des rivières.

D. A quoi servent ses tiges que l'on coupe chaque année ?

R. On les vend aux vanniers.

D. Veuillez nous faire connaître le produit approximatif, et terme moyen, comparé à la dépense de chaque plante, arbuste et arbre.

R. Les prairies d'abord rendent :

	Dépense	Revenu
	0 fr. sur 20 de revenu.	
Les chênes verts	0	20
Les vignes p. le moment	1	20
Les châtaigniers	2	20
Les chênes à liége	3	20
L'olivier	8	20
Le blé	10	20

Le Fruitier.

D. Comment faut-il cultiver le sol pour établir un fruitier ?

R. On doit établir un fruitier sur un terrain abrité et exposé au soleil, et avoir le soin de défoncer, à plein, le sol à 50 centimètres de profondeur ; il faut au préalable le recouvrir d'une épaisse couche d'engrais.

D. Pour garantir un fruitier du vent, faut-il construire des murs ?

R. Non ; les murs sont trop coûteux, et n'abritent point contre le vent ; il faut planter des arbres à feuilles persistantes à 5 mètres de distance, que l'on taille régulièrement.

D. Comment établit-on un fruitier ?

R. On divise le terrain en planches ou plates-bandes et on y place les arbres fruitiers à 5 mètres les uns des autres, en y intercalant un pêcher.

D. Mais ces arbres plantés ainsi, seraient bien rapprochés ?

R. C'est vrai ; mais le pêcher meurt bien avant que les autres arbres aient atteint un grand développement.

D. Que faut-il faire pour prolonger l'existence des pêchers ?

R. 1º Il faut les tailler régulièrement jusqu'à l'âge de 6 ans ;

2º Enlever de leurs branches, la gomme dès qu'elle paraît ;

3º Dès que leurs feuilles se roulent ou jaunissent, les enlever ;

4º Couper les petites branches qui meurent d'une taille à l'autre ;

5º Ne pas hésiter à pincer une partie de leurs fruits.

D. Doit-on piocher profondément les arbres fruitiers ?

R. On ne doit les piocher que superficiellement en mars, les biner dans le courant de l'été, et les tailler jusqu'à l'âge de 6 ans en février.

Le Potager.

JANVIER.

D. Que fait-on au jardin potager à cette époque ?

R. On ne fait que préparer le terrain.

FÉVRIER.

D. En février que fait-on ?

R. On fait les semis suivants : Poireaux, salades, laitues, betteraves, céleri, ognons, tomates,
radis ; on fait aussi quelques carrés de pommes de
terre ; on cheville des choux et des salades ; on
greffe tous les arbres à la fente.

MARS.

D. Que fait-on en mars ?

R. On fait en grand les pommes de terre, soit à
la pioche, soit à la charrue ; on sème des carrottes,
des radis, et dans la dernière quinzaine on fait des
haricots blancs.

AVRIL.

D. En avril que fait-on ?

R. On sème melons, courges, concombres ;
on repique tomates, aubergines, piments ; on
sème des haricots blancs, le blé de Turquie, le
maïs, l'orge perlé ; l'on sarcle les haricots faits en
mars, et les pommes de terre faites en février ; on
greffe à la sève les oliviers, ou à la fente, ou à l'é-
cusson.

MAI.

D. Que fait-on en mai ?

R. On fait les haricots noirs ou petits à l'araire ; on plante les ognons ; on fait des semis de choux verts, de chicorée, de radis ; il faut châtrer, fumer et piocher de nouveau les melons.

JUIN.

D. Que fait-on en juin ?

R. On sarcle les haricots noirs ; on cueille les abbatis des haricots verts ; on arrache les aulx, les ognons que l'on met en chaîne ; on fait encore quelques carrés de haricots blancs ; on donne le dernier sarclage aux haricots noirs.

JUILLET.

D. En juillet que fait-on ?

R. On fait les semis d'ognons pour l'hiver ; on plante les choux verts, les choux-fleurs, les poireaux, les céleris ; on fait des semis de carottes, de radis ; on arrache les pommes de terre faites en premier lieu ; on prépare la terre pour le jardinage de l'automne.

AOUT.

D. Que fait-on en août ?

R. On fait des semis de salades, de radis, d'épinards, de navets et de raves ; dans la dernière quinzaine on cueille et l'on rentre les melons d'hiver.

SEPTEMBRE.

D. Que fait-on en septembre ?

R. On fait encore des semis de salade et d'épinards ; on surveille le jardinage et l'on cueille tout ce qui est mûr ; on rentre les courges.

OCTOBRE.

D. Et en octobre ?

R. On plante les ognons qui doivent servir en été, les aulx ; on sème les petits pois et quelques fèves : semis d'épinards et de salades.

NOVEMBRE.

D. Et en novembre ?

R. Il n'y a rien à faire dans ce mois à cause des froids qui commencent à se faire sentir ; on peut cependant semer des fèves.

DÉCEMBRE.

D. Que fait-on en décembre ?

R. On doit préparer le terrain pour le jardinage du printemps et d'une partie de l'été ; on fait au sec des pommes de terre.

L'Engrais.

D. L'engrais est-il nécessaire au sol ?

R. L'engrais est au sol ce que la nourriture est au corps. Il est partant indispensable au sol.

D. Quels sont les meilleurs engrais ?

R. Celui des pigeons, des poules et des lapins, après vient celui des porcs, puis celui des chevaux ou mulets bien nourris ; enfin celui des bœufs le moins violent de tous.

D. N'y a-t-il pas des plantes ou arbustes qui servent à augmenter les engrais ?

R. Oui ; ce sont le lentiscle, le romarin, l'aspic, le ciste noir, le thym, etc.

La Lune.

D. Quels sont les effets de la lune sur les récoltes et les arbres ?

R. Complètement nuls.

D. Une foule de personnes la consultent, cependant ?

R. C'est un vrai préjugé. Ils la consultent mal à propos, car elle ne peut rien, et n'a aucune influence sur les arbres et sur les plantes.

D. Donnez quelques preuves ?

R. Dans la même planche, faites deux raies de pommes de terre en lune vieille, deux jours après, en lune nouvelle, faites deux autres raies, vous aurez la certitude qu'il n'existe aucune différence ni sur la grosseur ni sur la quantité à l'époque de leur maturité.

Taillez 50 souches de la même filagne, 25 en lune vieille, deux ou trois jours après en lune nouvelle les 25 autres, vous aurez encore la certitude qu'il n'y aura aucune différence entre elles.

D. Ces consultations sont alors nuisibles à l'agriculture ?

R. Incontestablement, parce qu'elles n'ont qu'un but, celui de retarder les travaux et les semailles, qui n'ayant plus lieu à leur vraie époque, ne donnent presque toujours que des résultats insignifiants.

TABLE DES MATIÈRES

DU

CATÉCHISME.

―――――

ii

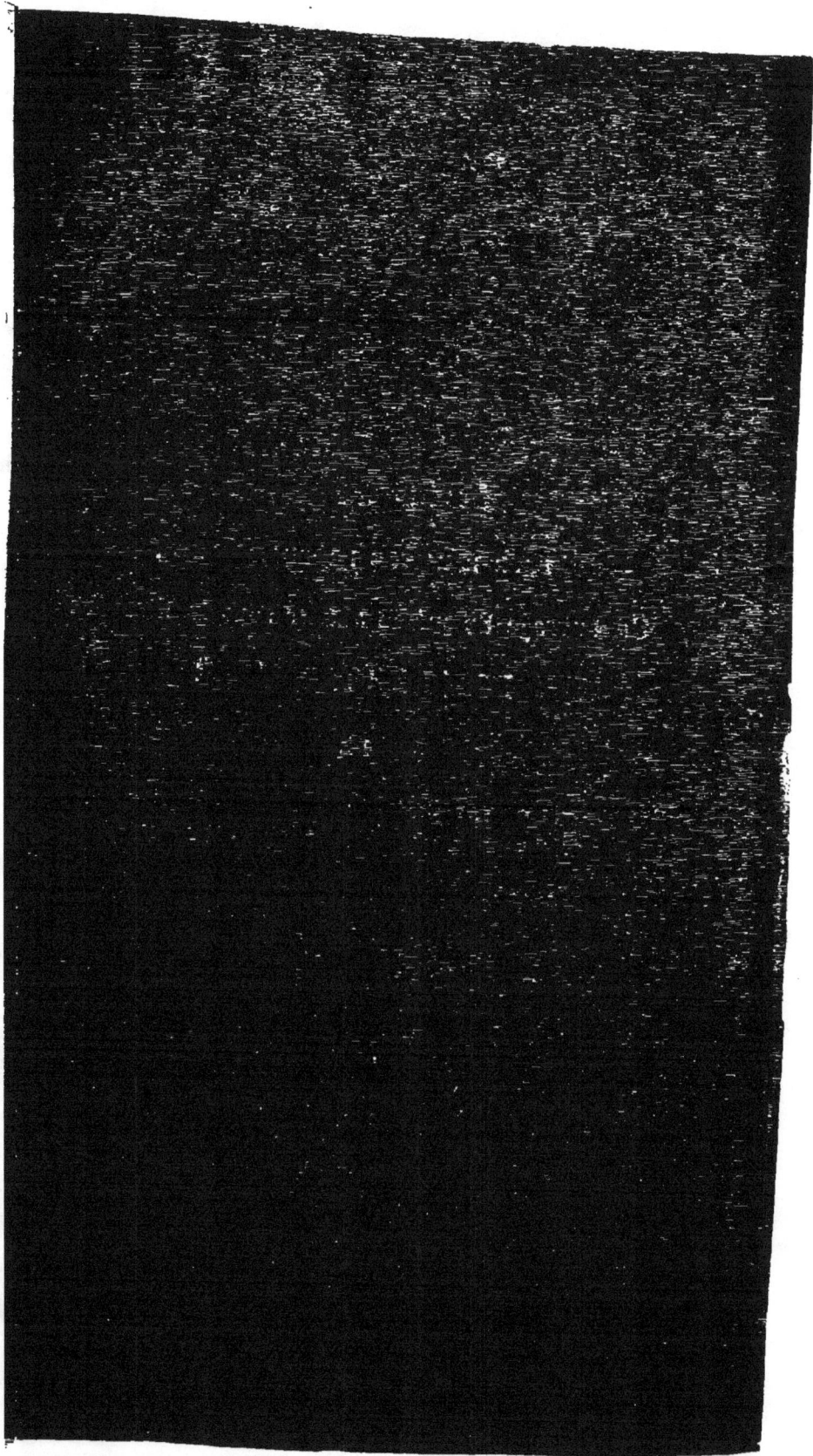

SOUS PRESSE

POUR PARAITRE PROCHAINEMENT,

Un ouvrage du même auteur sous le titre de :

ESSAI D'UN TRAITÉ

DE

L'AGRICULTURE PROVENÇALE

www.ingramcontent.com/pod-product-compliance
Lightning Source LLC
Chambersburg PA
CBHW070827210326
41520CB00011B/2148